漢字探祕之旅系列 ❶

古老的刻符

在成長 • 幾點創作中心 編

中華教育

不得不佩服「動力種子」講故事的能力。

漢字傳承中國文化數千年，舉世聞名，千百個有關漢字來龍去脈的故事已經廣為流傳，有誰還會失諸交臂呢？我問自己：這個時候再來一個漢字故事系列，會不會太重複、太沉悶了？

想不到這《漢字探祕之旅系列》，卻是意料之外的清新。它精選了漢字的特性和一路因應時代轉變而改進的特點，把歷史人物和史實都融入了故事當中，帶着讀者穿越數千年，重新認識漢字的前世今生。故事節奏跳脫利落，讀完之後竟有「輕舟已過萬重山」的舒暢感覺。

我帶着好奇，深入探討為甚麼這系列可以帶給我這般意外的良好感覺。發現此系列的製作團隊都是有識之士，而且特別重視教育，專注兒童心智發展。因此在海量的素材中，他們知所取捨；同時非常重視考究史實，避免謬誤。製作團隊求教專家顧問之路，足跡遍及相關的圖書館、研究院、博物館等，務求準確。故事中的主角卻又活在今天的科技世界中，與讀者同感受同呼吸，怪不得感覺輕快暢順呢！

即將推出的電子版本，必將為這部優秀的漢字文化讀物增添更多可能。憑藉河南在成長信息技術有限公司的數字技術專長，相信很快我們就能欣賞到更加生動形象的《漢字探祕之旅系列》。這無疑為新時代的課外閱讀掀開了全新的一頁。

沈雪明 教授

香港大學社會科學學院前院長
香港耀中幼教學院創校校長

中文被外國學者評為世界最難學的語言，另一方面，很多中國學者都認為中文是字本位。學習中文最大的難關是認字和寫字，河南在成長信息技術有限公司有見及此，集中力量幫助孩子和他們的父母認識漢字，編寫《漢字探祕之旅系列》。本系列替孩子們打開漢字神祕之門，讓孩子們回到過去，帶領他們從漢字的起源，經歷不同時代漢字的變化：繪圖、甲骨文、鐘鼎文、大篆、小篆、隸書，等等。漢字和中國歷史一同演變和發展，漢字的成長就是一套歷史長劇。

這一套漢字歷史長劇，故事性濃厚，引人入勝，必定引起孩子們的興趣，對學習漢字引起動機。興趣就是良好學習的開始。

河南在成長信息技術有限公司總部位於河南，而河南安陽發現了大量甲骨文和鐘鼎文，中國最大的漢字博物館也建於河南。在河南研究漢字的發展，有地利的優勢。《漢字探祕之旅系列》在河南寫成，漢字資源豐富，就成為本書的特點之一。

本系列一方面故事性強，但另一方面，內容資料都經過嚴密考證，是科學性很強的著作。孩子最喜歡看動畫，本書插畫精美，畫工栩栩如生，深信孩子一定喜歡，我也愛不釋手呢！

漢字之門已打開了，請帶你們的孩子和學生走進漢字之門，探索漢字奧祕，開始一個愉快歷程。引動他們學習漢字的興趣，以後就不會害怕默書和寫字了，他們也喜歡學習中文，各學科的門也同時打開，原來中文並不難學。

謝錫金教授

香港大學教育學院前副院長

在一個陽光明媚的假日，一羣「漢字迷」來到河南博物院，他們當中有來自香港的風仔，來自台北的兔妹，來自澳門的蛋撻，以及來自鄭州的中石。大家聽說河南博物院裏的古代文物展內容豐富，於是相約一同來這裏探尋漢字的奧祕。

小朋友們首先來到古代文化之光展廳，這裏展出的有古人吹的笛子，還有遠古時期的陶器、石器等，讓人看得眼花繚亂。

刻符
龜甲

新石器時代裴李崗文化
（距今9000—7000年）
舞陽縣賈湖出土

大家正興致勃勃地參觀着。突然，中石小聲地呼喚大家：「你們快來看，這塊龜甲上面有字，好像是甲骨文！」

彩陶

骨笛　新石器時代裴李崗文化
（距今9000－7000年）
舞陽縣賈湖出土

魚紋
彩陶壺　新石器時代仰韶文化
（距今7000－5000年）
1958年唐河縣茅草寺採集

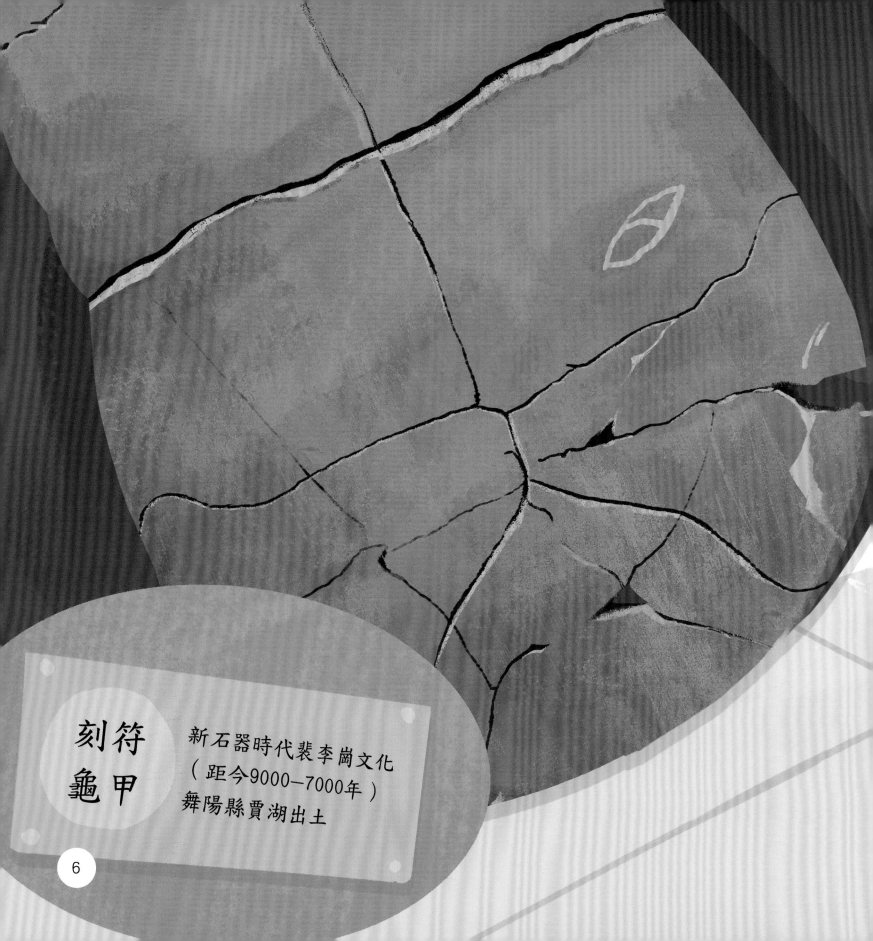

刻符
龜甲

新石器時代裴李崗文化
（距今9000–7000年）
舞陽縣賈湖出土

兔妹說：「這看來不是文字，一定是古人畫的畫。」

蛋撻說：「不是畫，這就是甲骨文！」

風仔說：「我覺得不是甲骨文，上面寫的明明是刻符龜甲。」

中石反問說：「如果不是甲骨文，那為甚麼會刻在龜甲上面呢？」

就在大家小聲激烈討論的時候，遠處青銅器展廳的蓮鶴方壺突然發出了金色的光芒。

伴隨着越來越亮的金光，一隻鶴從蓮鶴方壺的頂部飛了出來。

小朋友們齊聲驚呼：「哇！你是誰？！」

鶴飛到他們面前說：「你們好，我叫蓮小鶴，已經 3000 多歲了，和你們一樣，我也想了解更多漢字的祕密。不如我們一起回到遙遠的遠古時代，去探尋漢字的起源和發展歷程，好嗎？」

「太好了！可是怎麼去呀？」大家興奮地問蓮小鶴。

「我有一顆神奇的動力種子，具有穿梭時空的魔法，可以帶大家一起回到過去。但你們必須通過細心觀察，掌握漢字的知識，獲取屬於你們自己的動力種子，才能憑藉它的魔力重新回來。你們願意接受這樣的挑戰嗎？」蓮小鶴問。

小朋友們激動地回答：「我們願意！」

於是，蓮小鶴從口中吐出一顆動力種子，動力種子在空中閃現出七彩光芒，並幻化出一條神奇的時空隧道。「走吧，我們一起開始奇妙的漢字探尋之旅吧！」蓮小鶴說。

小朋友們興奮地大聲說：「太棒了，出發！」

不一會兒，小朋友們就穿過時空隧道，落到了一大片草地上。這時，兔妹的智能手錶嘀嘀嘀響了起來。「哇！這裏是8000年前的河南舞陽賈湖地區。」

風仔說：「賈湖？就是發現刻符龜甲的地方呢！我們可要好好探索，看看那個刻符到底是甚麼！」

然後，蓮小鶴拋給了小朋友們一塊玉石：「孩子們，給你們一個任務，你們能不能把玉石上面的這幾個刻符都找到呢？」

8000年前

河南·舞陽賈湖

　　小朋友們好奇地接過玉石，準備開始賈湖探祕之旅。這時突然傳來了一陣響亮的音樂聲，一羣賈湖人正點着火把，吹着笛子，手捧着龜甲，舉行神聖的祭祀活動。

　　風仔興奮地指着遠處說：「你們快看！那個笛子不就是河南博物院裏面展出的賈湖骨笛嗎？」

　　蛋撻驚呼說：「哎呀！原來那些賈湖地區的文物就是在這裏發現的啊！」

　　站在一旁的中石堅定地說：「我相信玉石上的刻符一定就在附近，我們去找找看吧。」

於是，小朋友們快速繞過人羣，悄悄溜進了賈湖人的部落裏，在一些陶器和龜甲上，果然發現了好幾個古老的刻符。

小朋友們滿臉疑惑地看着這些刻符，一個個問題從他們的小腦袋裏蹦了出來。兔妹指着刻符問：「這個  符號是甚麼意思呢？」蛋撻說：「是不是用來裝飾的啊？」風仔撓了撓頭說：「為甚麼要把 刻在陶器上面啊？」

　　中石聽了大家的問題，若有所思地說：「我覺得這些符號肯定是在記錄着甚麼信息……」

　　正當大家在吱吱喳喳熱烈討論的時候，賈湖人發現了他們。

賈湖人突然抓住了兔妹，大聲嚷着甚麼。兔妹害怕地大叫：「啊！快放我下來！」蛋撻趕忙道歉：「對不起！我們不是故意的。」可賈湖人根本聽不懂小朋友們說的話。

蓮小鶴看到這一切，急忙飛過來對中石說：「中石，快把手裏的刻符玉石送給他們。」中石趕忙把玉石遞給了賈湖人，指手畫腳地示意：「這個好看的玉石送給你們，請放了兔妹吧！」

賈湖人接過玉石，臉上露出了驚喜的表情，並放開了兔妹，仔細察看手上的玉石。

於是，蓮小鶴趁機迅速帶着小朋友們一起飛走了。

蓮小鶴邊飛邊對小朋友們說：「賈湖地區出現的這些契刻符號，可以說是最早的漢字雛形呢。在這之後，還有好多地方也出現了各種各樣的刻符，我帶你們一起去看看吧。」

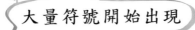

大量符號開始出現

📍 安徽雙墩地區刻符
（距今約7000年前）

開始出現代表數字的符號

📍 陝西半坡地區刻符
（距今約6000年前）

發現紋飾和圖畫性符號

📍 上海崧澤地區刻符
（距今約5500年前）

「這些刻符既像畫，又像字，跟後來的甲骨文在字形上已經有些相似了，不過這些符號的意思，很多考古學家都還沒有弄清楚呢。」蓮小鶴說。

風仔說：「太有趣了！我們回去後一定要學習更多關於漢字的知識，將來和考古學家們一起探尋漢字的奧祕！」

刻符開始排列使用

山東龍山地區刻符
（距今約4000年前）

以象形符號為主

湖北石家河地區刻符
（距今約4800年前）

飛了一會兒，大家降落到一棵大樹旁。兔妹的智能手錶又嘀嘀嘀響了起來，兔妹向大家說：「這裏是河南新鄭地區。」

公元前3000年

河南‧新鄭

「現在來到了公元前 3000 年的黃帝時期，你們將在這裏尋找到關於早期漢字起源的關鍵信息哦。」蓮小鶴補充說。

小朋友們走着走着，看到河邊有幾個捕魚人，他們的漁網裏抓到了好多魚。

兔妹吃驚地說：「叔叔好厲害啊！您怎麼知道這條河裏有這麼多的魚呢？」

捕魚人說：「我們部落的人在打魚的時候，發現哪條河裏魚多，就會在旁邊石頭上刻一個  。這樣部落裏的人只要找到有魚符號的石頭，就能很容易捕到魚啦。」

小朋友們又來到一片森林裏，遇到了幾個獵人。

獵人說：「噓！輕聲點，可別把我的鹿嚇走了。」

中石小聲地問：「叔叔，您怎麼知道這裏有鹿呢？」

獵人說：「有鹿出沒的地方，我們會在旁邊石頭上刻一個腳印記號，這樣就能很容易知道鹿的行蹤了，更方便捕捉。」

風仔拍了拍腦袋，茅塞頓開，
高興地說：「我終於明白了！這些符
號其實就是用來傳遞消息的。」

獵人看着可愛的風仔說：「孩子，你說得對。如果你們想了
解更多關於這些符號的知識，可以去找倉頡大人。」

小朋友們順着獵人指的方向來到一個院子裏，見到了有四隻眼睛的倉頡，他正在忙着記錄各種各樣的文字符號。

風仔好奇地問：「倉頡叔叔，這些文字都是您創造的嗎？」

倉頡笑着說：「不是的，我是黃帝左史官，現在要將這些正在使用的文字符號收集和整理起來，讓人們一眼就能看得懂。」

「我們根據山峯的形狀創造了 山，根據水流的形狀創造了 川，根據一塊一塊的田地創造了 田，根據樹木的形狀創造了 木。這些就是我們黃帝時期所使用的文字符號了。」倉頡繼續說。

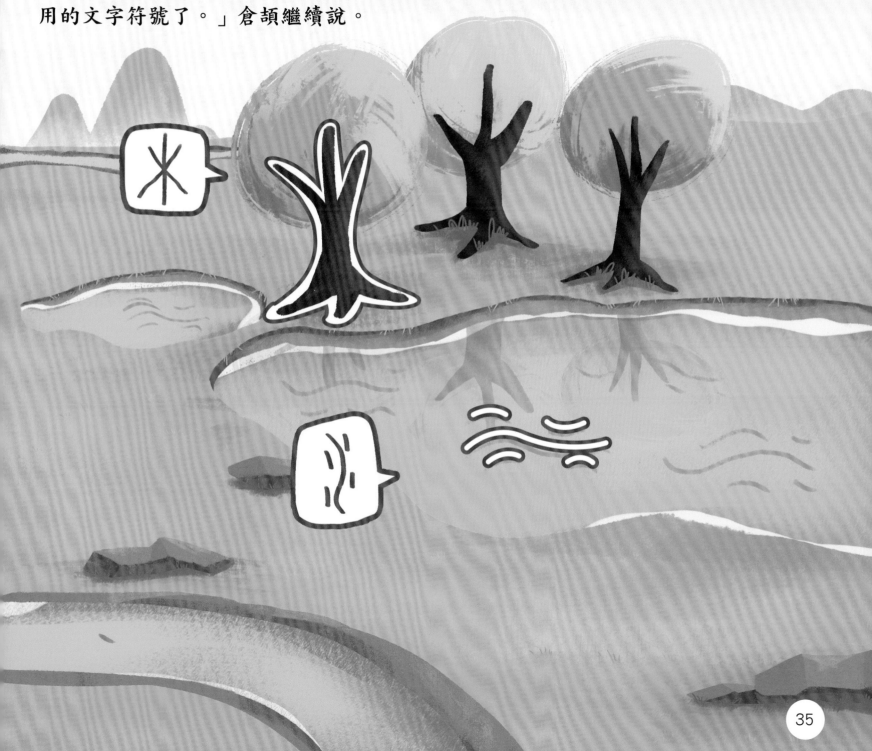

小朋友們齊聲說：「倉頡叔叔，您太了不起了！」

倉頡微笑着說：「真正了不起的是廣大的勞動人民，是他們通過長期的生活經驗積累，才創造出這麼多的文字符號。」

告別了倉頡，探祕小隊繼續向前走。兔妹看着手錶說：「這裏是河南安陽地區。」

蓮小鶴說：「我們現在來到了商朝，這時人們已經開始廣泛使用文字了，並且創造出了好幾種造字的方法。他們把文字刻在龜甲和獸骨上，這就是中國最早的成熟文字系統——甲骨文啦。」

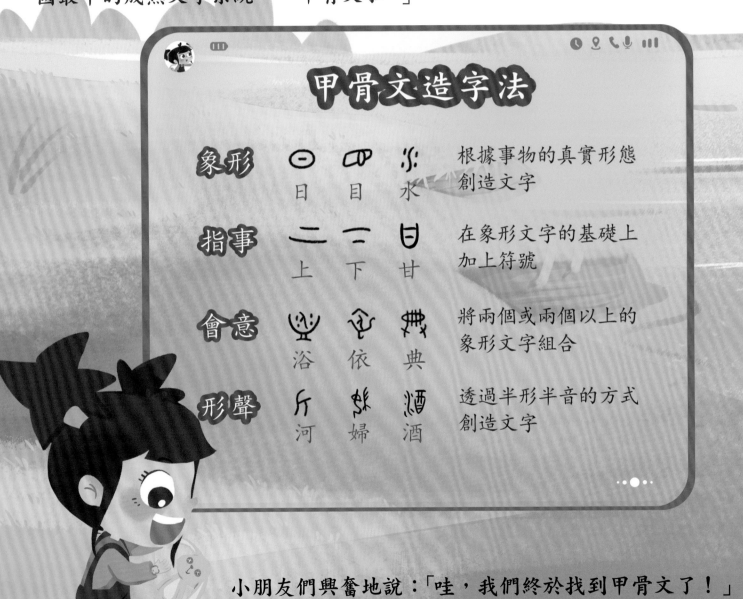

小朋友們興奮地說：「哇，我們終於找到甲骨文了！」

「商朝的官員們會把占卜結果和社會生活的方方面面，都用甲骨文記錄下來，然後再將這些甲骨運送到地窖洞穴之中，以便保存和查閱。」蓮小鶴說。

40

41

「後來這些甲骨被完好地挖掘出來，珍藏在殷墟博物館中。」蓮小鶴說。

風仔高興地說：「原來這些洞穴就是殷墟啊，怪不得在這裏出土了這麼多的甲骨呢！」

中石看着風仔，笑着說：「哈哈，那這裏就相當於是商朝的圖書館啊！」

就在小朋友們為學習到這麼多的漢字知識而興奮不已的時候，天空中突然跳出了一顆動力種子。

動力種子發着光說：「恭喜你們成功地從原始刻符、倉頡造字和甲骨文這三個方向探索了漢字的起源和發展歷程！」

「接下來，漢字發展還將經歷一件重大的歷史事件——漢字的統一。」蓮小鶴告訴小朋友們。

「我們快出發吧！」滿懷着興奮與期待，小朋友們將繼續踏上漢字的探祕之旅。